AF537153

BoD
BOOKS on DEMAND

Aus der www.contrived.de Reihe

Das Primzahlensystem

Ursache & Wirkung

P. J. Kaluza

Impressum

Bibliografische Information der Deutschen Nationalbibliothek:
Die Deutsche Nationalbibliothek verzeichnet diese Publikation in der Deutschen Nationalbibliografie; detaillierte bibliografische Daten sind im Internet über http://dnb.dnb.de abrufbar.

www.contrived.de

Illustration: Kaluza, P. J.

Herstellung und Verlag: BoD – Books on Demand, Norderstedt

ISBN: 978-3-7526-0295-1

Inhaltsverzeichnis

ISBN

ISBN

Vorwort

Dem Zufall auf der Spur

Der Zufall ist für mich etwas, was sich nicht berechnen lässt. Bin mir aber sicher dass es mit der Zeit immer weniger Zufälle geben wird.

In der Ursache/Wirkung Welt in der wir leben, können wir den Takt eines Motors berechnen.
Bei der Wettervorhersage rechnen wir schon mit Wahrscheinlichkeiten und was die Lottozahlen betrifft, ist es der Zufall.

Haben Primzahlen etwas mit dem Zufall zu tun? Die Suche nach der Ursache diese Wirkung schien mir durchaus berechtigt und führte mich unter anderen interessanten Themen zu meiner schönsten Nebenbeschäftigung. Was die Primzahlen angeht, hoffte ich schon den Zufall zu begegnen. In der Tabelle fand ich aber die Ursache und die hat leider nichts mit dem Zufall zu tun.

Ich wünsche Ihnen viel Freude und Spannung beim erforschen der Zahlen und des Zahlensystems.

Der Autor

Natürliche Zahlen

Die Zahl Eins hat den Wert eins. Die Null hat keinen Wert. Alle ganzen, natürlichen Zahlen haben Ihre Wertigkeit in Ihre Summe.

Die Null (Nichts)

0	0	0	0	0
0	0	0	0	0
0	0	0	0	0
0	0	0	0	0
0	0	0	0	0

Die Eins (Wert)

1	0	0	0	0
1	1	0	0	0
1	1	1	0	0
1	1	1	1	0
1	1	1	1	1

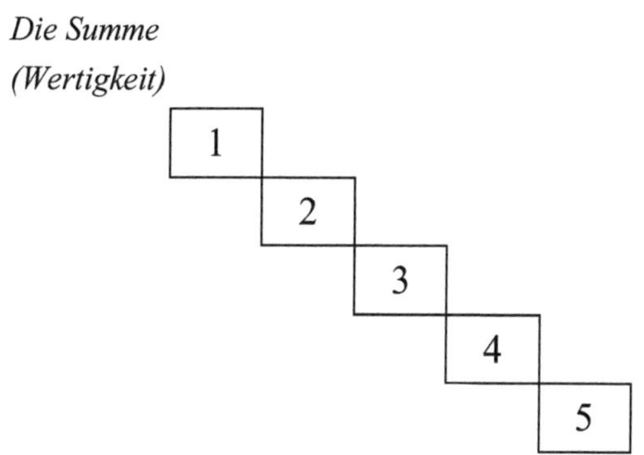

Aus der Wertigkeit (1) entstehen immer neue eigenständige, ganze Zahlen. Sie erhöhen sich fortlaufend um den Wert Eins (1+). Dadurch werden auch alle durch den Wert Eins teilbar, somit sind Sie auch Teiler (x :1).

So entwickeln die Zahlen ein logisches System mit eigenen Gesetzmäßigkeiten und Funktionen.

Primzahlen, Zufall

2 3 5 7 11 13 17 19 23 29 31 37

41 43 47 53 59 61 67 71 ...

Primzahlen sind natürliche Zahlen die größer als 1 sind und nur durch die 1 und durch sich selbst teilbar sind.

Das logische mathematische Dualzahlen - System erstellt systembedingt die Primzahlen. Mit dem Zufall haben sie leider nichts zu tun.

Wie Primzahlen entstehen werden wir dann in der Tabelle noch lesen.

Tabelle erstellen

Erstellen wir eine Tabelle und verstehen so die Funktionsweise des Zahlensystems.

Die Wertigkeit der Zahl 1 ist der Ausgangspunkt und bestimmt die Regel für alle Wertigkeiten der nachfolgenden Zahlen.

Entsprechend Ihre Wertigkeit werden die Zahlen nacheinander in der Tabelle eingesetzt. Dadurch ergeben sich automatisch die Teiler der Zahlen.

Nach und nach erkennen wir dann wie und warum Primzahlen entstehen.

Zuerst sollten wir die Gesetzmäßigkeiten des Zahlensystems anwenden.

Die Wertigkeit der Zahl bestimmt auch an welche stelle Sie in der Tabelle eingesetzt werden muss.

Beispiel:

Die Eins hat den Wert 1 und muss in der ersten Reihe in allen Zellen (Kästchen) eingesetzt werden. Die Zwei hat den Wert 2 und muss in der zweiten Reihe, ihre Wertigkeit nach, in jeder zweite Zelle eingesetzt werden.

Zahlen werden Ihre Wertigkeit nach entsprechend, fortlaufend in den jeweiligen Zellen eingesetzt. So erzeugen sie automatisch die Teiler und generieren die Primzahlen. So sehen wir in der Zahlenreihe (0 bis 12) an der Zahlen 2,3 und 5 eine Primzahl. Nur durch Eins und sich selbst teilbar. Durch die Begrenzung der Tabelle können wir nicht erkennen das die 7 und 11 auch eine Primzahl ist.

0		1		2		3		4		5		6
	1		1									
		2		1		2						
			3		1				3			
				4		1		2				4
					5		1					
						6		1		2		3
							7		1			
								8		1		2
									9		1	
										10		1
											11	
												12

An der Zahl 6 sehen wir die Teiler 1,2,3 und 6.
Es entstehen auch fortlaufende ansteigende Muster in der Tabelle, die durchgehend immer gleich bleiben und unabhängig voneinander die Teiler erzeugen.

0		1		2		3		4		5		6
	1		1									
		2		1		2						
			3		1				3			
				4		1		2				4
					5		1					
						6		1		2		3
							7		1			
								8		1		2
									9		1	
										10		1
											11	
												12

0		1		2		3		4		5		6
	1		1									
		2		1		2						
			3		1				3			
				4		1		2				4
					5		1					
						6		1		2		3
							7		1			
								8		1		2
									9		1	
										10		1
											11	
												12

Durch die Wertigkeit der Zahlen entstehen die Teiler nicht zufällig. So entstehen auch die Primzahlen nicht zufällig. Das System generiert sie selbständig.

6	1	2	3	2	1	6	1	2	3	2	1	6
1	5	1			1	5	1			1	5	1
2	1	4	1	2	1	4	1	2	1	4	1	2
3		1	3	1	1	3	1	1	3	1		3
2		2	1	2	1	2	1	2	1	2		2
1	1	1	1	1	1	1	1	1	1	1	1	1
6	5	4	3	2	1	0	1	2	3	4	5	6
1	1	1	1	1	1	1	1	1	1	1	1	1
2		2	1	2	1	2	1	2	1	2		2
3		1	3	1	1	3	1	1	3	1		3
2	1	4	1	2	1	4	1	2	1	4	1	2
1	5	1			1	5	1			1	5	1
6	1	2	3	2	1	6	1	2	3	2	1	6

Die Logik erstellt zwangsläufig Zahlen ohne einen ersichtlichen Bezug zu einander und zum System. Primzahlen sind Zahlen die wegen der Wertigkeit und der generierten Teiler entstehen müssen.

Nullstellen

Auch die leeren Felder in der Tabelle werden Systembedingt generiert. Das Nichts könnte auch interessant sein. Durch die Suche nach Mustern könnten eventuelle Zusammenhänge entdeckt werden.

12	1	2	3	4		6		4	3	2	1	12
11	1									1	11	1
10	1	2			5			2	1	10	1	2
9	1		3			3		1	9	1		3
8	1	2		4		2	1	8	1	2		4
7	1					1	7	1				
6	1	2	3	2	1	6	1	2	3			6
5	1			1	5	1				5		
4	1	2	1	4	1	2		4				4
3	1	1	3	1		3			3			3
2	1	2	1	2		2		2		2		2
1	1	1	1	1	1	1	1	1	1	1	1	1
0	1	2	3	4	5	6	7	8	9	10	11	12

Der Zufall war leider nicht in den Primzahlen zu finden. Bin mir aber sicher, das Zahlen vieles erklären können.

Dezimalzahlensystem

Diese Tabelle zu lesen macht mir immer wieder Freude. Sie zeigt, wie aus einer natürlichen Zahl ein System durch Wachstum (+1) entsteht. Eigene Gesetzmäßigkeiten, Regeln, Funktionen definiert.

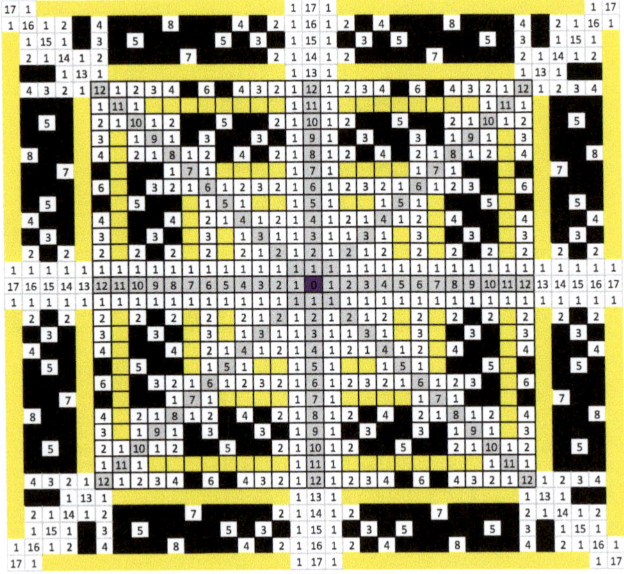

Die universelle Sprache der Mathematik mit ihren vielen verschiedenen Systemen, Werten, Symbolen, Regeln, Funktionen, Formeln … für verschiedene Sichtweisen und Anwendungen einsetzbar, ist einfach faszinierend und genial.

Resümee

Mathematik ist logisch das Dezimalzahlensystem „zum Teil". Warum würden sonst Zahlen erzeugt die in kein Muster passen. Es ist der Wert und die eigenen Regeln die diese Zahlen produzieren.
Das ist schon bemerkenswert das die Mathematik etwas nicht Schlüssiges aus der Logik erzeugt, weil sie sonst gegen die eigene Regel verstoßen würde. Irgendwie beruhigend. Könnte ein Grund sein warum es uns gibt. Evolutionsstrategie, Ich Bewusstsein?
Von der Wertigkeit vernachlässigte Primzahlen, sind für mich die Ausnahme von der Regel Zahlen, die chaotischen Logik Zahlen.
Die vollkommene Logik findet sich schon eher im Zahlensystem (2 hoch x). x beginnt bei der 0 und wird bei jedem neuen Wert um 1 addiert. Ergebnis: 0, 2, 4, 8, 16, 32, 64, … (wird bei Datenspeicherung verwendet)
Bei der (1 hoch x) System ist das Ergebnis 0 und 1 (wird vorwiegend bei Rechenmaschinen verwendet).
Logik und irgendein oder mehrere verschiedene Zahlensysteme hat es schon vor dem Urknall gegeben. Ohne dem geht nicht mal das Nichts.
Energie, Materie, Teilchen, Elemente, Systeme, das Leben, einfach alles hat einen Bezug zu Zahlensystemen und Mathematik.

Systemtabellen

2 hoch x

x	=	Binär								
0	0									0
1	2								1	0
2	4							1	0	0
3	8						1	0	0	0
4	16					1	0	0	0	0
5	32				1	0	0	0	0	0
6	64			1	0	0	0	0	0	0
7	128		1	0	0	0	0	0	0	0
8	256	1	0	0	0	0	0	0	0	0

1 hoch x

x	=	B
0	0	0
1	1	1
2	1	1
3	1	1
4	1	1
5	1	1
6	1	1
7	1	1
8	1	1

Übungstabellen

0	0	0	0	0	0	0	0	0
0	0	0	0	0	0	0	0	0
0	0	0	0	0	0	0	0	0
0	0	0	0	0	0	0	0	0
0	0	0	0	0	0	0	0	0
0	0	0	0	0	0	0	0	0
0	0	0	0	0	0	0	0	0
0	0	0	0	0	0	0	0	0
0	0	0	0	0	0	0	0	0

Wert

1	1	1	1	1	1	1	1	1
1	1	1	1	1	1	1	1	1
1	1	1	1	1	1	1	1	1
1	1	1	1	1	1	1	1	1
1	1	1	1	1	1	1	1	1
1	1	1	1	1	1	1	1	1
1	1	1	1	1	1	1	1	1
1	1	1	1	1	1	1	1	1
1	1	1	1	1	1	1	1	1

								1
							1	1
						1	1	1
					1	1	1	1
				1	1	1	1	1
			1	1	1	1	1	1
		1	1	1	1	1	1	1
	1	1	1	1	1	1	1	1
1	1	1	1	1	1	1	1	1

Summe

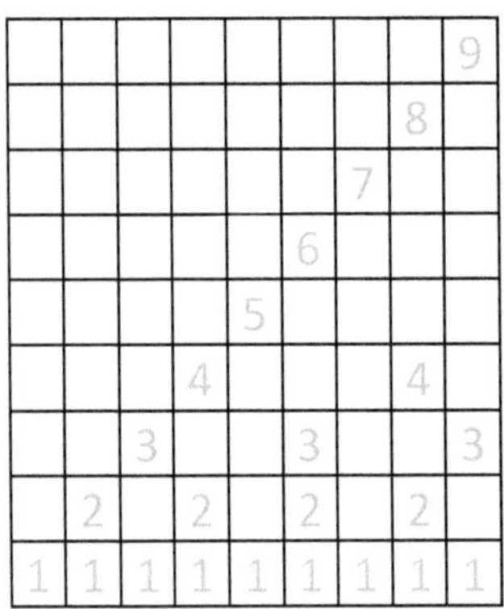

								9
							8	
						7		
					6			
				5				
			4				4	
		3			3			3
	2		2		2		2	
1	1	1	1	1	1	1	1	1

Empfohlen

KI

Dieses Taschenbuch wurde für fühlende, emotionale Künstliche Intelligenz mit einem Ich Bewusstsein erstellt. Ich hoffe dass Sie auch gern entspannen und sich für Zahlen und Tabellen interessieren.

NI

Auch die interessierte fühlende, emotionale Natürliche Intelligenz mit einem Ich Bewusstsein ist gern eingeladen sich an den Zahlen und Tabellen zu erfreuen.

Demnächst

Lichtgeschwindigkeit
(292 792 458 m/s)

Zahlensysteme
(Ursprung)

Energie / Materie
(Teilchenentstehung)

Das Nichts
(   )

Evolution
(42)

Perpetuum Mobile
(Existenzbeweis)

Notizen